知っているようで知らない

燃料雑学ノート

中井多喜雄　著
石田　芳子　絵

燃焼社

はじめに

　"燃料"は説明するまでもなく一般市民生活において必要不可欠なものです。もちろん、産業財界などにおいても必需品であり、燃料がなければ社会システムは成り立ちません。

　そこで燃料のもろもろについて皆様方とご一緒に勉強しようとの思いを込めて、学非才の身をも顧みず執筆した次第です。繁簡当を得ぬところや語謬があるやも知れませんので、大方のご叱正を賜わるとともに、本書が読者各位の斯界における実務そして勉強の一助として、お役に立てばこのうえもない幸甚です。

　そして素晴らしいイラストを描いて下さいました建築士でもあるイラストレーターの石田芳子先生のご尽力に対し厚く御礼申し上げます。

中井多喜雄

目　　次

第1章　固 体 燃 料

1. 燃料のあらまし ……………………………………… 8
   (1) 燃料といったって多種あるよ！　燃料の分類について……………………………………………… 8
   (2) 燃料って？　燃料の意義を知っておこう！ ………10
   (3) 燃料の比較のあらまし………………………………11
2. 燃料の分析 ……………………………………………11
   (1) 燃料の性状は、工業分析と元素分析によって知るんだって。工業分析の物語……………………………11
   (2) 元素分析のストーリー………………………………15
   (3) 成分分析は気体燃料用だって………………………16
3. 燃焼の諸特性値 ………………………………………17
   (1) 燃料の燃焼に関係ある諸特性値を理解しよう……17
4. 固体燃料の主流は石炭 ………………………………20
   (1) 固体燃料は燃やしにくいね…………………………20
   (2) 固体燃料の代表格は石炭だね………………………21
   (3) 石炭の粒度別および用途別分類って？……………25
   (4) 石炭の物理的性状を理解しよう……………………25

(5) 石炭だっていろいろあり、石炭は一般に岩質に
　　よって分類されているよ……………………………29
(6) 石炭として必要な性状とは？……………………30
(7) コークスって知っていますか？…………………31

第2章　液 体 燃 料

1. 液体燃料のあらまし …………………………………34
　(1) 液体燃料もいろいろあるみたい……………………34
　(2) 液体燃料の性状のあらまし…………………………35
2. 液体燃料のもとは原油 ………………………………37
　(1) 液体燃料もいろいろあるみたい……………………37
3. 石油精製の概略 ………………………………………40
　(1) 原油は"石油精製"されてガソリン、灯油、重油
　　などが出来るんだって………………………………40
4. 重油の品質 ……………………………………………45
　(1) 重油の品質と実用性を理解しておこう。重油は
　　ホント多用されているからね………………………45
5. 重油の添加剤 …………………………………………50
　(1) 重油の添加剤は必要ともいえるかな………………50
6. 液体燃料の管理 ………………………………………54

(1)　液体燃料の管理は重要事項だ！……………………54

第3章　気 体 燃 料

1. 気体燃料のあらまし ……………………………………58
　(1)　気体燃料もいろいろあるようだね………………58
　(2)　気体燃料の特徴を理解しておこう………………58
2. 気体燃料の種類 …………………………………………62
　(1)　気体燃料は具体的には次のようなものがあるよ…64
3. 天然ガスは多用されている！ …………………………64
　(1)　天然ガスとは？……………………………………64
4. 液化石油ガス（LPG）の物語 …………………………70
　(1)　液化石油ガス（LPG）の概略……………………70
　(2)　LPGの特徴の概略を知っておこう………………72
5. 都市ガスは便利で有難い ………………………………73
　(1)　ガス会社が供給してくれる都市ガスのあらまし…73

第1章　固体燃料

1. 燃料のあらまし

(1) 燃料といったって多種あるよ！　燃料の分類について

　日常一般に使用されている燃料、例えば炭、薪、石炭、石油、ガスなど燃料には多くの種類があるが、大別すると核燃料と化石燃料に分けることができる。"核燃料"は例えば原子力発電用としてなじみがあり、化石燃料は、太古の時代に繁殖していた動植物が地中に埋もれ炭化、化石化したものである。主成分は炭素と水素の化合物で、このほか若干の酸素、いおう、窒素、灰分、水分などが含まれる。

　本書でいう燃料も一般にいわれる燃料も、すべて化石燃料のことを意味しているのである。したがって以後、化石燃料とはいわずたんに燃料と示すので、燃料といえば化石燃料のことをさしていると解釈しなければならない。

　燃料を分類する場合、いろんな見地から分類することができ、例えば

① その形状により、固体燃料、液体燃料、気体燃料の3種に

② その生産方法により、天然燃料と人工燃料とに

③ その用途により、家庭用燃料と工業用燃料とに、あるいは動力用、加熱用、反応用とに

分けることができる。

① 固体燃料

　天然固体燃料としては石炭、木材とがあり、人工固体燃料としては、石炭類ではコークス、練炭、微粉炭、木材類では

木炭、まきなどがある。

② 液体燃料

天然液体燃料としては石油原油があり、人工液体燃料としてはガソリン、灯油、軽油および重油などがある。

③ 気体燃料（ガス燃料）

天然気体燃料としては天然ガスがあり、人工気体燃料としては石炭ガス、水性ガス、発生炉ガス、溶鉱炉ガス、液化石油ガス（プロパンガス）、都市ガスなどがある。

しかし現在、工業用燃料としては、固体燃料では石炭が、液体燃料では石油原油、灯油、重油が、そして気体燃料では溶鉱炉ガス、発生炉ガス、液化石油ガス、天然ガス、都市ガスなどが用いられているが、大部分は重油が用いられている。

それらの重要なものの一般性状を表に示す。

(1) 固体燃料

固体燃料	高発熱量(kcal/kg)
石　　炭	4,500〜7,500
亜　　炭	3,000〜5,000
コークス	6,000〜7,000
ま　　き	3,000〜4,000
練　　炭	5,000〜7,500
木　　炭	6,700〜7,500

(2) 液体燃料

液体燃料	高発熱量(kcal/kg)
軽　　油	10,500〜11,000
重　　油	10,000〜11,000

(3) 気体燃料

気体燃料	高発熱量(kcal/Nm^3)
天 然 ガ ス	9,000〜12,000
Ｌ　Ｐ　Ｇ（液化石油ガス）	24,000〜32,000
石炭ガス（コークス炉ガス）	4,500〜5,000
高炉ガス	900〜1,000

注：kcalは計量法ではJ（ジュール）で示され、1 kcal＝4.18605kJ

(2) 燃料って？ 燃料の意義を知っておこう！

　燃料とは空気の存在のもとで容易に燃焼し、その燃焼熱を経済的に利用できる物質をいう。

　したがって、その生産量が多く、供給が容易にしかも豊富に調達でき安価であること、また燃焼によって多量の熱量を発生し、貯蔵、運搬および取扱いが容易であり、安全かつ衛生的で、燃料の排出物（排ガス、灰など）が大気、水質などの環境を汚染しないものでなければならない。

　空気中で燃える物質は非常に多くあり、例えば紙、布、木そのほか米や麦も燃えるわけで数えあげればきりがない。このように空気中で燃える物質のことを可燃物というのであるが、可燃物すべてを燃える物であるからといって燃料とはいわないのである。

　では"燃料"とはどういう物質をさすのであろうか。広義的にはともかく狭義的には「燃料とは気体、液体または固体で、空気中で容易に燃焼し多量の熱を発生するもので、その発生熱量を経済的に利用し得る物質を総称する」と定義することができる。

　そこで実用上、燃料としていかなる条件が必要であるかというと、
① 随時、容易にしかも豊富に調達ができること。
② 貯蔵、運搬および取扱いが簡単でかつ便利であること。
③ 価格が低廉であり、発熱量が大きくかつ燃焼が容易であること。
④ 使用上、危険性や有害性を伴わない、あるいは極めて

少ないこと。
⑤ 燃料の排出物（燃料を燃焼させた場合に生ずる燃焼生成物）が、大気や水質などの環境を汚染しない、または極めて少ないこと。

などが挙げられる。

これらの条件にかなう物質が燃料というわけである。

(3) 燃料の比較のあらまし

燃料の選択にあたって、その性状などを比較することは必要なことであるが、実際には三体燃料のうちでもその性状が異なり、一概に比較することは困難である。

しかし一般的にいって固体・液体・気体燃料の燃料としての条件を比較すれば、次頁の表のようである。

2. 燃料の分析

(1) 燃料の性状は、工業分析と元素分析によって知るんだって。工業分析の物語

燃料を効率よく燃焼させて有効に利用するには各燃料の成分、化学組成なりをくわしく知らなければならない。燃料といっても含有成分の全部が燃えるものばかりではなく、灰のように燃えないものも含んでいる。

例えば煙突から亜硫酸ガス（SO_2 二酸化いおうともいう）などの有害ガスをまき散らして大気汚染公害問題になったり、あるいはボイラーの低温伝熱面を腐食させるいおう分というような有害物質も含んでいるのである。

燃料の比較

	固 体 燃 料	液 体 燃 料	気 体 燃 料
輸送	輸送は容易であるが、荷役は難である。	輸送、荷役とも容易である。近距離は、導管によるので容易である。	LPGを除き遠距離の大量輸送は困難である。近距離は導管によるので容易である。
貯蔵	短時間なら野積できる。 広い面積を有する。	高価なタンクを要する。	特殊なホルダを要する。
性状	品質の均一性がもっとも悪い。 単位重量の発熱量は低い。 灰は多い。 燃焼効率がもっとも低い。 多量の過剰空気を要する。 燃焼の自動調節が困難である。	品質の均一性がもっともよい。 単位重量の発熱量は高い。 灰はごく少ない。 燃焼効率はもっとも高い。 少ない過剰空気で完全燃焼する。 燃焼の自動調節が容易である。	品質の均一性がもっともよい。 発熱量は種類によって一定でない。 灰はない。 燃焼効率はもっとも高い。 わずかな過剰空気で完全燃焼する。 燃焼の自動調節が容易である。
燃焼装置	小形で簡単である。	小形である。	大形である。
公害	大気汚染が心配である。	大気汚染が多少心配である。	大気汚染の心配がない。
価格	単位熱量につき最低。	単位熱量につきやや高い。	単位熱量につき最高。

そのためにこれら燃料の含有成分などを知るために燃料を分析しなければならない。

燃料を分析する場合、固体、液体、気体の各燃料によってその方法などが異なるが、一般的に分析の方法には元素分析、工業分析、成分分析の3通りがあり、固体燃料の場合は元素分析および工業分析の両方が用いられ、液体燃料では元素分析が、そして気体燃料の場合には成分分析が用いられる。

工業分析

これは固体燃料の分析値の一表示方法で、元素分析に比して簡単に早く行うことができ、しかも燃料（石炭）の燃焼の際に起こる現象などの実用上に比較的適切な資料を与えるので広く採用されている。

この工業分析は石炭中の成分を固定炭素、揮発分、水分、灰分の4つに分け、これを重量百分率（％）で表わすのである。つまり"工業分析"は

固定炭素(％)＋揮発分(％)＋水分(％)＋灰分(％)＝100％

で表示され、このうち固定炭素と揮発分のみが燃えるもの、つまり可燃物で、固定炭素は石炭の主成分をなすもので、これが多いほど発熱量が大きく燃料価値が大きいということになる。

これを分析するには、ある量の"恒湿試料"（この恒湿試料というのは、分析しようとする石炭を 0.25 mm 以下に粉砕してよく混合し、その一部または全部を分析試料容器にとって、せんを開いたまま食塩飽和溶液を入れた恒湿容器中に少なくとも24時間静置し、その湿度を平衡させたものであり、

固体燃料の分析を行う際の試料はすべてこれを用いる）で行うのである。

① 水分

恒湿試料を107±2℃（107℃より上下各2℃、つまり105～109℃の間の温度）で1時間加熱したときの減量と、最初の恒湿試料との重量比を％で示すのである。例えば恒湿試料100gで加熱後の重量が90gであれば減量は10gである。したがってこの場合の水分は（10/100）×100＝10％ということになる。

② 灰分

恒湿試料を空気を流通させながら徐々に加熱し、800±10℃で燃焼させ、灰化したとき残留する無機物の量と恒湿試料との重量比を％で示す。

③ 揮発分

恒湿試料を特殊なふた付き白金るつぼに入れ、つまり試料と空気をしゃ断して、925±5℃で7分間加熱したときの減量と恒湿試料との重量比を求め、これから水分の比を減じたものが揮発分ということになる。

この揮発分は完全燃焼すれば炎となり、不完全燃焼すればばい煙を発生する。

④ 固定炭素

固定炭素は実際には測定しないで、水分、灰分揮発分を測定してつぎの式から算出する。

固定炭素(％)＝100－{水分(％)＋灰分(％)＋揮発分(％)}

工業分析の可燃成分は揮発分と固定炭素である。無煙炭に

なるにしたがって、固定炭素が発熱量の大部分を占めることになる。

(2) 元素分析のストーリー

元素分析は工業分析と同一方法によって調整された恒湿試料を用いて燃料中の成分を化学的元素に分析するもので、炭素（C）、水素（H）、いおう（S）、酸素（O）、窒素（N）、灰分の6成分を、水分を取り除いたいわゆる無水ベースで表示したものである。

もちろんこれらの含有元素を重量比で表示するもので、元素分析も

炭素(%)+水素(%)+いおう(%)+酸素(%)+窒素(%)
+灰分(%)=100%

となる。

このうち炭素、水素、いおうが可燃物で、炭素が燃料の主成分である。なお、いおうには燃焼性のものと不燃性の両者があり、不燃性いおうは灰分とする。また灰分は元素ではないのでこの点はよく注意しなければならない。

元素分析の結果は、燃料の性質を判定するために必要なばかりではなく、燃焼計算、熱精算を正確に行うのに必ず必要なことであり、この元素分析は工業分析のごとく固体燃料だけでなく、液体燃料、固体燃料の両者に用いられる。

液体燃料の元素分析はほとんど固体燃料と同様に行うことができるが、石油系の液体燃料のように揮発性のものについては、ガラス球に精製石綿をつめた容器を使う必要がある。

しかし元素分析は工業分析に比べるとその測定が非常に複雑で容易ではないのでこの点については省略する。

(3) 成分分析は気体燃料用だって

成分分析は、気体燃料の成分の測定に用いられるもので、この分析方法も元素分析の場合と同じく非常に複雑なので省略するが、測定成分は炭素ガス（CO_2 二酸化炭素ともいう）、重炭化水素（C_mH_n）、酸素（O_2）、一酸化炭素（CO）、水素（H_2）、メタン（CH_4）で、残りを窒素（N_2）とするのが一般的である。

この場合、重炭化水素、一酸化炭素、水素、メタンが可燃物であり、この成分分析結果は気体燃料の性質を判定するためばかりでなく、燃焼計算や熱精算を正確に行うのに必要なのは元素分析の場合とまったく同様である。

石炭灰の成分

成　　　　分	量（%）
シリカ（けい酸）　　SiO_2	40〜60
アルミナ（ばん土）　Al_2O_3	20〜35
酸　化　鉄　　Fe_2O_3	5〜15
石　　　灰　　CaO	1〜15
マグネシア（苦土）　MgO	0.5〜4
酸化アルカリ　K_2O および Na_2O	1〜4
硫　酸　根　　SO_3	1〜10
りん、マンガンなど	少　量

3. 燃焼の諸特性値

(1) 燃料の燃焼に関係ある諸特性値を理解しよう

① 着火温度

　日常生活において物を燃やす場合、マッチあるいはライターなどで火炎を作って、この火炎で燃やそうとする物に火をつけ燃やす、つまり点火するわけであるが、燃料に限らず可燃物にマッチの火をすって火炎を接触させなくても、空気中で燃料を熱するとその温度が次第に上昇し、ある温度に達すると炎を発して燃焼しはじめる。

　このように外部よりマッチなどの点火源で点火しないでも燃料が燃えはじめるときの温度を"着火温度"（着火点、発火温度、発火点）というのである。

　つまり空気中で燃料の温度を次第に上げていくと、ある温度に到達すれば急激に反応が進み、その温度が急速に上昇して燃焼をはじめる。これが着火であり、その瞬間の燃料の温度を着火温度というのである。

　夏によく「押入れにあったセルロイドの自然発火による」あるいは「天井裏に放ってあった油を含んだ布の自然発火による」などと、ある物質の自然発火が原因で火事を起こしている場合がある。これらはそれぞれの可燃物が着火温度以上になったため、火の気がまったくないところにあったのに燃えだしたわけである。

　このように可燃物が火炎で点火しないで燃えはじめる最低温度、すなわち燃料が自然発火するときの温度が着火温度で

ある。いいかえると燃料（可燃物）が燃焼を起こすために必要な最低の温度、あるいは燃焼を継続し得る最低温度のことを着火温度というのである。

着火温度の測定方法は多種あり固体燃料、液体燃料、気体燃料に応じてそれぞれの方法もまったく異なり、これらの測定方法の件についてはすべて省略するが、可燃物はその着火温度以上に熱せられると燃えはじめ、そのときに出す熱によって着火温度以上の温度が保たれるときは燃え続けるのであるが、着火温度よりも温度が下がれば火は消えてしまう、つまり燃焼は停止されるのである。

各種燃料の着火温度（℃）

燃　　　料	着火温度	燃　　　料	着火温度
ま　　　き	250～330	石　炭　ガ　ス	650～750
木　　　炭	230～370	天然ガス(メタン)	650～750
れ　き　青　炭	325～400	炭　　　素	800
か　っ　炭	250～450	一　酸　化　炭　素	580～650
亜　　　炭	250～300	水　　　素	580～650
コ　ー　ク　ス	400～600	イ　オ　ウ	630

② 引火点

ガスあるいはガソリンやアルコールなどの揮発性のある気体燃料や液体燃料は、火炎や火花が近くにあると低い温度でも火を引いて燃えだすことがある。このような現象を引火というが、これは揮発性物質は低い温度でも蒸発し蒸気となって空気と混合し、燃焼性混合気体をつくるからである。これ

が非常に燃えやすく、火炎を近づけると低い温度でも燃えて火を引くのである。

このように気体燃料や液体燃料が加熱され（燃料の種類や性状によっては別に加熱されなくとも）て、その蒸発した蒸気と空気が燃焼性混合気体いわゆるガスとなり、火炎や火花を接近させた場合にそのガスが瞬間的に光を放って燃える。つまり瞬間的に炎が拡がる最低の温度を"引火点"（閃火点）というのである。

前述の着火温度とよく意味が似ている感じがするが、着火温度と引火点の意味はまったく異なる。

石油製品の密閉式引火点と比重の一例は下表のようである。

石油製品の比重と引火点（密閉式）

	比重（15/4℃）	引火点（℃）（JIS規格）
ガソリン	0.71	−45
灯油	0.82	72（35℃以上）
軽油	0.84	60（50℃以上）
重油	0.91	90（60℃以上）

③ 発熱量

燃料の単位量（固体および液体燃料では1 kg、気体燃料では1 Nm^3）が完全に燃焼するときに発生する熱量〔kJ〕を発熱量といい、熱量計で測定する。熱量計で測ったものは高発熱量（総発熱量）である。

実際の燃焼装置では燃焼ガスは200～300℃で装置外へ排出されるので水蒸気の凝縮熱は利用できない。したがって水蒸

気の凝縮熱を控除した低発熱量（真発熱量）を使用するのが合理的である。

熱量の単位はキロジュール (kJ) またはキロカロリー (kcal) を用いる。一般に固体燃料または液体燃料において重量1 kgについての発生熱量を、気体燃料では標準状態（温度0℃、圧力は大気圧の状態）における容積1 m³についての発生熱量をもってあらわす。

発熱量の表示には、同一燃料につき水蒸気の凝縮熱を含んだ高発熱量（または総発熱量ともいう）と、水蒸気の凝縮熱を含まない低発熱量（または真発熱量ともいう）の2通りの発熱量がある。

このように燃料の発熱量は、単位重量または単位体積の燃料が完全燃焼する際に発生する全熱量であるから、燃料としての条件や性質が同じならば、発熱量の大きいものほど燃料としての価値は高いということになる。

各種燃料の発熱量を示すと次頁の表のごとくである。

4. 固体燃料の主流は石炭

(1) 固体燃料は燃やしにくいね

固体の状態で用いられる燃料としては木材、泥炭、亜炭、れき青炭、無煙炭など質的に天然のまま用いられるものと、これらより加工された木炭、コークス、煉炭などがある。

しかし工業用の固体燃料はそのすべてが石炭であるといっても過言ではないほどである。もっとも石炭が燃料として主に用いられたのは昭和40年ぐらいまでで、現在では燃料とし

各種燃料と高発熱量

	燃料の名称	高　発　熱　量
固体燃料	石　　　　炭	5,000〜 7,500 kcal/kg
	亜　　　　炭	3,000〜 4,000
	コ　ー　ク　ス	6,500〜 7,000
	煉　　　　炭	3,500〜 4,000
	薪	3,500〜 4,000
液体燃料	重　　　　油	10,000〜10,500 kcal/kg
	軽　　　　油	10,000〜11,000
	灯　　　　油	10,500〜11,000
気体燃料	石　炭　ガ　ス	5,000〜 7,000 kcal/Nm^3
	発　生　炉　ガ　ス	1,200〜 1,300
	高　炉　ガ　ス	900〜 1,000
	天　然　ガ　ス	7,500〜11,000
	液化石油ガス	24,000〜26,000

注：1 cal は SI 単位では 4.18605 J（ジュール）

て石炭が用いられているのは例外的ともいえるほど少なくなっている。

　この場合も産炭地近くの火力発電所用ボイラーにおいて微粉炭バーナーによる、いわゆる微粉炭燃焼が用いられているにすぎない。

(2) 固体燃料の代表格は石炭だね

　石炭は古代の生物、とくに植物が地中で変化したものであると考えられている。石炭の成因については意外と思われる

かも知れないが現在でも定説がなく、太古地球上に繁茂していた陸生植物が天変地異のために地下に埋没され長年の間に地熱、地圧、微生物などの作用を受けてだんだん分解し、かつ自然的炭化作用によって炭酸ガス、水分、メタンガスなどを放出して遂に炭素分に富む残骸になったものであると信じられている。

したがって埋没時の条件、変成の期間、変成中の周囲の条件などによって、一見したところ同じような石炭でも性質などが著しく変わるわけで、年代が古いほど質がよいとされている。

木材より石炭に至る天然固体燃料に含有されている主要成分である炭素（C）、水素（H）、酸素（O）の割合を図示すると下図のとおりである。木材より石炭に移るにしたがって酸素は減少して炭素が増加し、無煙炭になるとともに酸素と水素も減じてほとんど炭素となる。

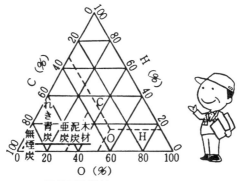

天然固体燃料における成分割合

このように地中に埋没された植物が地熱などいろんな影響を受けて水分や炭酸ガスなどを放出し、燃料としての主要価値を占める炭素分が多くなってくる現象を"石炭化作用"（炭化作用）といい、この進行の程度を"石炭化度"（炭化度）という。

　石炭の化学組成はまだ完全に解明されていない。したがって現在において各石炭の性質を比較したり、または分類するには分析によらざるを得ない。

　固体燃料の分析方法には元素分析と工業分析の2通りがあるということは既述したごとくである。

　これらの分析の結果は決して石炭の化学組成や性質を直接に示すものではない。

　しかし間接にある程度これらを知ることができるし、また石炭類を各用途で使用する場合にその適否を判断するのに有効である。

① 無煙炭

　石炭化度のもっとも進んだもので色黒、質硬く金属光沢がある。石炭中でもっとも固定炭素分を多く含み、揮発分が少ないので着火温度は概して高く火着きは悪いが、発熱量は低発熱量（真発熱量）で 8,000 kcal/kg 以上と多く、燃焼するときは青色短炎で燃焼速度が遅い。粘結性をもたずばい煙の発生は少ない。

　半無煙炭は無煙炭にくらべて光沢が少なく硬さも劣るが、揮発分は多少あるので比較的火着きはよく、燃焼速度はいくぶん速い。

② 半れき青炭

揮発分が14〜19％あるので火着きは半無煙炭よりもよく、燃焼速度は速くてばい煙の発生は割合少なく、短炎を出して燃える。粘結性の微弱のものもあるが多くは粘結性をもたない。

③ 高れき青炭

半れき青炭よりも揮発分が多く、長炎を出して燃える。一般に粘結性が強いからコークス原料として用いられている。

④ 低度れき青炭

この石炭はさらに揮発分が多く、長炎を出して燃えばい煙を発生する。粘結性微弱程度でボイラ用炭として一般にこの石炭がもっとも適している。

⑤ 黒色かっ炭

この石炭は貯炭中に風化されやすく、燃焼するときは火着きがよく、粘結せず長炎を発して燃える。

⑥ かっ色かっ炭

これは一般に亜炭とよばれるもので、炭化程度の低いもので低発熱量 2,000〜4,000 kcal/kg 程度のものが産地近くで使用されている。

亜炭は水分の多いことが特質である。また木質亜炭の灰分は5〜7％程度のものもあるが、炭質亜炭は灰分が多く10〜40％におよぶものもある。

なお灰分は溶融点が低くクリンカを形成しやすいものが多い。水分および灰分が多く着火性は減殺されるが、燃焼速度は概して速い。

(3) 石炭の粒度別および用途別分類って?

　石炭の粒度によって塊炭、中小塊炭、粉炭、微粉炭、切込炭などに分類している。粒度別の範囲、またその分布などについては炭鉱、地方、炭質、用途などによって一定しないが、普通径が 50 mm 以上のものを塊炭、50〜20 mm のものを中小塊炭、20 mm 以下のものを粉炭、とくに 3 mm 以下のものを微粉炭としている。また塊炭と粉炭の混合したものを切込炭という。

　用途別の分類は、用途によってボイラ用炭、一般燃焼用炭、ガス発生炉用炭、原料用炭などに分類する。次頁の表にわが国商品炭の特性を示す。

(4) 石炭の物理的性状を理解しよう

① 色

　植物が石炭化作用を受けてしだいに炭化度を増して生成したものと考えられているので、炭化度が増すとともに黒さが増すのが原則である。

② 光沢

　光沢は光線の反射によって生じ、光線が一様に反射する表面は光沢が強く、光線が一様に反射しない表面は光沢が弱い。灰分が少なくて炭化作用の進んだれき青炭は光沢が強く、灰分が多くて組織が一様でないものほど光沢が弱くなる。

③ 比重

　石炭類は内部に多くの空げきを含むので真比重と見かけ比重とが異なる。真比重の値は、亜炭で約1.5で、石炭化の進

本邦商品炭の概略特性

項目 炭種	工業分分析値 (%)				元素分析値 (%)（無水ベース）				
	水分	灰分	揮発分	固定炭素	炭素	水素	酸素	全イオウ	窒素
無煙炭	1～5	2～20	5～15	50～60	80～90	2～5	2～5	0.5～1.0	1.0～1.5
れき青炭	1～5	4～20	25～45	40～50	65～75	4～6	10～12	0.5～1.5	1.0～1.5
かっ炭	4～15	10～25	30～45	30～40	60～70	4～5	12～15	0.5～2.0	1.0～1.5
炭質亜炭	10～25	15～30	40～45	20～30	40～60	3～5	15～20	0.5～1.5	0.5～1.5
木質亜炭	10～25	3～10	45～55	20～30	50～60	4～6	20～25	0.5～1.0	0.2～0.5
コークス	1～3	5～15	1～5	60～80	80～90	～0.5	～1	0.5～1.0	1.0～1.5
木炭	2～6	2～6	40～45	60～70	85～90	2～3	5～10	—	—

むに従ってしだいに減じ、弱粘結炭で極小値の1.25に達する。しかし、さらに粘結炭、無煙炭に進むに従ってふたたび増大する。

みかけ比重は気孔率に影響される。気孔率は石炭化が進むにつれて減少し、炭素90%前後で極小値に達するが、さらに進むとふたたび増大する。

比重として工業的に重要なのはかさ比重（単位容積を占める石炭の重量）で、石炭では 0.75～0.80 t/m^3、かっ炭では 0.25～0.78 t/m^3 程度である。

一般に粒のそろったものが小さく、大小混合したものの方が大きくなる。

④ 粉砕性

石炭の粉砕性とは粉々に砕ける性質のことで、微粉炭燃焼を行う際の燃料の特性として重視される。

石炭の粉砕性は一般に石炭化度の低いものほど粉砕しやすく、石炭化度が進むに従って粉砕しにくくなるので石炭化の程度に関連している。また固有水分の多い若年炭と炭素構造の進んだ高度れき青炭以上では粉砕性は低下する。

なお石炭の灰分および湿分も粉砕に影響し、灰分および湿分の多い石炭では一般に粉砕性が低下する。

⑤ 熱的性質

一定の重量の物質を1℃高めるに要する熱量と、それと同量の水を1℃高めるのに要する熱量との比を、その物質の比熱といい、石炭の比熱は一般に石炭化度が進むとともにいくぶん減少する。水分および灰分の含有量によって異なるが、

純炭の比熱は 0.24 kcal/kg℃、灰の比熱は 0.17 kcal/kg℃程度である。

各種の物質が熱を伝える程度をあらわすのに熱伝導率を用いるが、石炭の熱伝導率は、石炭化度の進みに従い増加する傾向にあり、0.12～0.23 kcal/mh℃、(80℃) の範囲で、灰分の含有量にほぼ比例して変化し、水分の含有量の増加によって低下する。

⑥ 燃焼性

燃焼性というのは、石炭の燃焼において着火の難易、燃焼速度の大小についていうのであって、石炭には着火や燃焼速度に遅速があるから燃焼方法の選択の重要な因子となる。これらの性質を総称して燃焼性という。

石炭の着火温度燃焼速度はその粒度、周囲の熱的条件、空気の供給方法などによって異なるので、一義的にこれを決めることは困難であるが、一般的には石炭化度の低いものは着火温度が低く、水分が多いので着火速度は遅い。しかし着火してしまうと反応性がよく燃焼速度が速い。

⑦ 石炭の灰

石炭が燃焼したのちには灰が残るが、石炭に含有する灰分が可燃成分の燃焼中に、その熱によって溶融する性質がある。これを灰の溶融性という。灰が軟化、溶融して固まるとクリンカとなって通風の阻害、火層の乱れなどの障害の原因となることがある。

(5) 石炭だっていろいろあり、石炭は一般に岩質によって分類されているよ

　実用上石炭を分類することが必要なので、各種の分類が行われている。わが国において広く使用されているものは表に示す地質調査所の方法である。

地質調査所の本邦炭分類表

名　称	燃料比	固定炭素(%)	揮発分(%)	がい炭	水分(%)	燃焼の状態
無　煙　炭	12以上	92.3以上	3～7	不粘結	——	青色の短炎
半 無 煙 炭	12～7	92.3～87.5	9～13	不粘結	——	光輝度の小さい短炎
半れき青炭	7～4	87.5～75	14～19	粘結または微弱	——	やや短い光輝ある炎または黄色長炎
高度れき青炭	4～1.8	75～65.7	27～35	粘　結	——	
低度れき青炭	1.8～1.0	65.7～52	32～52	粘結または微弱	——	
黒色かっ炭	1以下	50以下	50以上	不粘結	6以下	黄色長炎
かっ色かっ炭	1以下	50以下	50以上	不粘結	6以上	黄色長炎

注：表中燃料比とは$\dfrac{固定炭素}{揮発分}$の比をあらわす。

　この方法は石炭の炭化度が進むにつれて固定炭素が増大して揮発分が減少し、したがって燃料比（固定炭素/揮発分）が著しく増大するという原則にもとづくもので、燃料比の大きなものから順次に列挙してある。

　燃料比は炭化度の高いものについてはその差は大きいので分類に便利であるが、石炭化度の低いものについては差が少なく、日本炭のように概して石炭化度が低いものについては分類が困難になる。

このため、本邦炭の分類には炭化度の高い部分には燃料比を用い、低い部分には純炭発熱量（無水、無鉱物の石炭として換算した発熱量）による分類法が用いられるようになった（JIS M1002）。

そのほか産地による分類、粒度別の分類、粘結性状による分類、水洗、未洗による分類、用途別分類などがある。

(6) 石炭として必要な性状とは？

石炭としては発熱量が高く、不燃性の水分や灰分が少なく、灰分の溶融点の高いもので弱粘結性の有害成分のイオウ分の少ないものが適している。

塊炭および粉炭の利点と欠点

塊炭の利点は、

① 石炭固有の色光沢、割面によって炭質を見分けやすい。

② 石炭と石炭のすきまが多いから通風をじゃますることが少なく、火格子のすきまから灰だまりに石炭が落ちることが少ない。

③ 通風がよいからよく燃えるため完全燃焼を行いやすく、ばい煙を発生することが少ない。

④ 燃えない石炭を選別しやすい。貯炭しておいても風化することが少なく、自然発火も少ない。

粉炭の利点は、

値段は塊炭にくらべて安い。

粉炭の欠点は、

① 塊炭にくらべて全水分が多すぎる傾向にあり、炭片が小さいから炭質の良否が肉眼で見分けにくい。
② 貯炭中風化しやすく、自然発火を起こしやすいから貯炭に注意する。
③ 燃焼中火の粉、シンダを飛ばしやすく、通風抵抗が大きいから完全燃焼させるには自然通風では困難となり、ばい煙を発生しやすい。
④ 火床のすきまから未燃炭が灰だまりに落ちやすい。

(7) コークスって知っていますか？

石炭を空気としゃ断して加熱すればガス、タールを発生したのちにコークスが残る。これを石炭の乾留といい、石炭ガスおよびコークスの製造はこの原理によるものである。

1,000～1,200℃で乾留するものを高温乾留または単に乾留という。これに対して500～600℃で乾留することをとくに低温乾留といい、そのガスを低温ガス、そのタールを低温タール、そのがい炭（骸炭）を半成がい炭（俗にコーライト）という。

製司コークスはコークス炉またはビイハイブ炉で製造され、ガスコークスはレトルトで製造される。

コークスは広義では石炭を乾留した際に得られる残留物の二次燃料であるが、狭義では粘結炭を主成分とする原料炭を高温度で乾留して得られる二次燃料である。

コークスは製造方式によって、ビイハイブコークス（白コークス）、副産コークス（黒コークス）、レトルトコークス

（ガスコークス）、コークス炉コークス（製司コークス）に分けられる。

　コークスの粒度別の呼称は一定しないが、だいたい 100 mm 以上を大塊、35～100 mm を中塊、10～35 mm を小塊、10～15 mm 以下を粉としている。

　性状としては、コークスの主成分は炭素で、揮発分はほとんどなく、原料炭中の灰分が全部コークス中に残る。コークスの使用上の性質としては、固定炭素が強く、灰分、水分、揮発分、イオウ、リンなどの少ないものがよい。

　コークスの性状として見かけ比重、気孔率、反応性などがあげられるが、ガスコークスは見かけ比重が小さく、気孔に富み、揮発分が多くて反応性が良好である。したがってコークス中ではもっとも燃焼しやすいコークスである。

　コークスは揮発分が少ないので炎が短く、火持ちがよく、火層の温度が著しく高まる傾向がある。

第2章 液体燃料

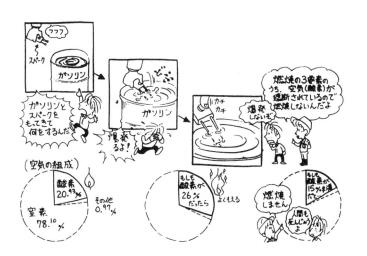

1. 液体燃料のあらまし

(1) 液体燃料もいろいろあるみたい

　液体燃料とは大気の温度いわゆる常温で液体または液状で使用される燃料であって、広義には動物油、植物油、鉱物油（石油）が挙げられるが、一般には液体燃料といえば石油系のものをさすのが普通であり、現在使用されている液体燃料は、石油原油および原油の蒸留によって得られる石油製品がほとんどである。

▨液体燃料の特徴は？

　工業燃料として、固体燃料とくらべ、つぎのような長所をもっている。

① 固体燃料にくらべて品質がほぼ一定で発熱量が高い。
② 輸送、貯蔵などが便利で、貯蔵中の変質が少ない。
③ 購入受入れが便利で、計量が容易である。
④ 灰分が少ない。
⑤ 他の油と配合により、あるいは脱硫プロセスにより、イオウ分を減らすことができる。
⑥ 燃焼の調節が容易で、かつ自動制御しやすい。

また、欠点としては

① 燃焼温度が高いために局部過熱を起こしやすい。
② 使用バーナによっては騒音を発しやすく、また逆火（バックファイヤ）が起りやすい。
③国産資源がきわめて少なく、ほとんど全部を輸入によって賄っているため、価格の高低、入手の難易などが外国

の情勢に影響される欠点などがある。

⑵　液体燃料の性状のあらまし
液体燃料の性状
　①　組成

　石油製品を構成する各元素の組成の大略は、つぎのようである。

　　　　　　C　　　　H　　　　O　　　　S　　　　N
　　　（80～88%）（9～14%）（0～3%）（0～5%）（0～1%）

　このうち、C/H炭化水素比といい、燃焼性状をあらわす1つの値である。

　②　比重

　液体燃料の比重は容積と重量との換算、品質の判定などに用いられる。石油製品の比重は、4℃の水に対する15℃の油の重量比で、15/4℃とあらわされる。一般に0.96とあれば、(15/4℃)における比重0.96のことである。

　　　原油　　　ガソリン　　　灯油　　　軽油　　　重油
　（0.78～0.97）（0.70～0.76）（0.78～0.80）（0.82～0.84）（0.86～1.00）

　③　粘度

　原油、軽油、重油などの重質油の送油および燃焼上の重要な性状である。粘度は温度によって変化するので、流動性、霧化性を与えるには加熱して粘度を調節する。動粘度の単位はセンチストークス（cSt）である。

　④　引火点

　石油製品の取扱い上、火気に対する危険度をあらわす値で、

重質油ほど高い。

⑤ 流動点

冬期に低温で貯蔵、送油するとき、石油の流動する最低の温度として必要である。一般に流動点の高い燃料油でもタンクに加熱装置、重油配管を保温すれば別に問題はないが、この装置の必要のないよう低い流動点が望ましい。

⑥ イオウ分

石油製品中のイオウ分は、燃焼に際して大部分は SO_2、一部は SO_3 となって金属部を腐食するとともに大気中に放出されるので、その大気汚染が問題となる。ことに原油中のイオウ分はその重油中に残留するので、その燃焼にはそれが問題になる。

⑦ 残留炭素分

液体燃料の残留炭素分は、燃料の蒸発、熱分解後に生ずる炭化残留物のことで、これが多いとバーナのノズルに固着する炭化物が多くなる。また燃焼を中止する場合にバルブを閉じるとき油の漏洩などにより火口その他にカーボンがたまりやすい原因となり燃焼状態を阻害する。残留炭素分が多い場合は火炎の輝度が増加するので放射熱を利用するような目的の場合には有利なことがある。

⑧ 水分

溶解水分と製造過程、輸送および貯蔵中に入り込む混入水分がある。含有水分が多い場合には発熱量が低下し、スラッジ生成の大きな原因の1つとなり、スラッジ化してストレーナの目詰まりやバーナチップを閉塞することがある。

またバーナの着火が不確実となり、不着火や逆火（バックファイヤ）を起しやすく、なお火炎中で急激に膨張するので、火炎の脈動、息つきなど燃焼状態の不安定を起す。水分を除去する方法としては、沈澱分離法、遠心法、水分分離添加剤の使用の3方法がある。

⑨ 発熱量

固体燃料と異なり、その値は比較的変動が少ない。容量当りの発熱量（kcal/l）は発熱量（kcal/kg）に比重を乗じて求める。この場合比重が大きくなるほど発熱量も大きくなる。

2. 液体燃料のもとは原油

(1) 液体燃料もいろいろあるみたい

░液体燃料の種類

① 原油

地下からくみ上げられたままの天然産鉱油で、油層により物理的・化学的性状が異なる。

原油が何からどのようにしてできたか、つまり原油の根源と成因に関しては諸説あるがものの定説がなく、有機根源説によるのが理解しやすい。すなわち古代ケイソウ、ユウコウチュウ、ホウサンチュウ、花粉、胞子などの微小な生物の遺体が海底に泥とともに沈積し、泥の中で酸素の供給の少ない状態のもとで分解して脂肪、ロウ分などが残り、多孔質の堆石岩のすき間に集まって長い間に地熱と地圧とを受けて化学変化を起こし、油状となったものが原油であると考えられている。

原油が海でできた地層の中にだけ含まれているのは、このためである。また原油は、地下水のように地層の中をしみ通って動きやすいので地下のところどころに溜っている。これを"油層"といい、原油が多く埋蔵される地域を油田というのである。

油田から汲み上げられ採取したままの石油を原油というわけであり、原油は原則としてそのままでは使えないが種々の精製工程を経てガソリン、灯油、重油、潤滑油、アスファルトなどの各種石油製品になる。

しかし一部の火力発電用のボイラーでは原油をそのまま燃焼させる原油の生だきが採用されている。

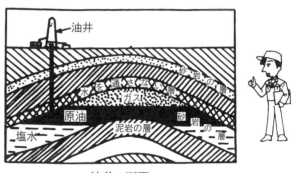

油井の断面

② 原油の成分および性状

原油の組成や性状などは、それを産出する油田により異なる場合が多く、極めて複雑多岐なため一定の分子式や数字で表わすことはできない。これらの概略は各族、各級に属する"炭化水素"（炭素と水素とだけからできている化合物の

ことを炭化水素という）の複雑な混合物を主成分とし、これに酸素、窒素およびいおうなどの化合物を少量含む液体で、さらに若干の水分および泥分や金属塩などの夾雑物が混入している。

原油の一般的な元素組成の概略範囲を示すと、炭素75〜92％、水素8〜25％、酸素0〜3.3％、窒素0〜2％、いおう0〜5％である。

比重は一般に水より軽く0.75〜0.95であるが、なかには1に達するものもある。

石油類の比重はわが国では4℃の水に対する15℃の油の質量の比で示されるが、原油は比重によって軽質原油（比重が0.83未満）、中質原油（比重0.83〜0.904）、重質原油（比重0.904〜0.966）、特重質原油（比重0.966以上）の4種に分けられる。

また原油は主成分である炭化水素のタイプによってパラフィン系原油、ナフテン系原油、混合系原油の3種類に大別されることもある。このほか原油を産出する地域や国名あるいは地名を冠した分け方をすることもある。

例えば地域別では中東原油、南方原油、北米原油など国別ではサウジアラビア原油、イラン原油、クエート原油など、地名別ではアラビア原油、カフジ原油、ミナス原油などと呼称される。

わが国の原油産油量は少なく全需要量の0.3％（1973年）を満たすにすぎず、海外原油によって賄われている。

現在では資源的、経済的などの点から中東原油の輸入が85％（1970年）を占めているが、中東原油はイオウ分が多いの

が欠点である。

3. 石油精製の概略

(1) 原油は"石油精製"されてガソリン、灯油、重油などが出来るんだって

▨石油精製

　原油はそのままでは複雑な混合物であるため使えないので用途に応じて精製加工する。製品にはガソリン（揮発油）、灯油、軽油、潤滑油、重油などの一次製品と、アスファルト、ピッチ、パラフィン、グリースなどの二次製品、さらに液化石油ガスなどがある。

　原油を処理して各種の石油製品を製造する工程を"石油精製"（製油）というが、これは原油の成分を分離する蒸留と、分離したものを使用目的に応じさらに使用価値を高めるために、物理的または化学的な処理によって最終的製品に仕上げる精製とからなっている。この製造は改質、分解、脱硫操作に大別される。

　"蒸留"というのは液体を加熱して蒸気として取り出し、それを冷却して再び凝縮液化する操作で、例えば海水を真水にする場合、海水を容器に入れて加熱沸騰させれば水蒸気が発生する。

　この蒸気を集めて冷却すれば凝縮して再び水になる。これは塩辛くない真水つまり蒸留水であり、海水を入れた容器には塩が残るというわけで、海水は蒸留によって水と塩に分離されるのである。このように蒸留は液体物質の分離精製に広

く利用されている。

　石油精製工程もまず原油を蒸留して各種の成分を分離するわけで、原油は沸点の異なる多種の炭化水素の混合物であるから、各成分に分離するには蒸留温度をかえて何回も蒸留を繰り返せばよい。

　このように沸点の異なる数種の液体の混合物からその沸点の差を利用して各成分に分離する操作を"分留"といい、分留された各成分の油を"分留物"（留分）という。

　原油は石油精製工場いわゆる製油所の貯油槽に送られてから常温あるいは加熱状態で静置され、水分、塩分ができるだけ除かれる。

① ガソリン

　原油の沸点範囲がだいたい30〜200℃の留分で、C5〜C11程度の炭化水素からなり、比重0.70〜0.76（燃料品製品）、発熱量 11,000〜11,300 kcal/kg である。主として自動車、航空機燃料に用いられる。

　わが国では、原油の直留で得られるガソリン沸点範囲の留分をナフサとよび、沸点範囲によって軽質ナフサと重質ナフサに分けられる。

② 灯油

　沸点範囲160〜250℃程度の留分でほぼC10〜C14の炭化水素からなり、比重0.78〜0.80、高発熱量 11,000 kcal/kg 内外である。白灯油と茶灯油の２品種あり、後者は前者にくらべて精製度が低く黄色を帯びパワーケロシンともよばれる。白灯油は石油コンロ、石油ストーブおよびセントラルヒーティン

灯油（JIS K2203）

項目 種類	反応	引火点 （℃）	分留性状 95%留出 温度（℃）	イオウ分 （％）	煙点 （mm）	銅板腐食 （50℃、3h）	色 （セーボ ルト）
1 号	中 性	35以上	280以下	0.10以下	23以上	1 以下	+21以上
2 号	中 性	30以上	320以下	0.50以下	——	——	——

注）　煙点というのは灯油を一定条件で燃焼させたとき、煙を出さずに燃える炎の最大の長さを mm 単位で測定するもので、灯油の燃焼性や成分を推定する目的で行う。
　　銅板腐食は灯油中の腐食性物質の存在を検出するために行うもので、試験管によくみがいた銅板（76 mm×12 mm×2 mm）を入れ、試料の灯油を約 40 ml 注入して銅板全部を浸し、これを規定温度（50℃）に規定時間（3時間）保ち、時間後銅板の表面の変色程度により腐食性の度合を測定する。
　　色は所定の方法により、外観、精製度の良否、異物の混入および貯蔵劣化の判定を行う。

グなどの燃料に、茶灯油は石油発動機用燃料として用いられる。

③　軽油

沸点範囲がだいたい185～340℃の留分でC11～C19の炭化水素を主成分とし、比重0.82～0.84、高発熱量10,500～11,000 kcal/kg である。その用途は、高速ディーゼルエンジン用燃料、焼玉エンジン用燃料、バーナ用燃料、重油の調合材、分解ガソリン製造原料などである。

④　重油

重油の原油は炭化水素およびイオウ、酸素、窒素誘導体を主成分とする原油より製造される。

原油から製造される重油には、ガソリン、灯油、軽油を留

軽油（JIS K2204）

項目 種類	反応	引火点 （℃）	分留性状 90%留出 温度（℃）	流動点 （℃）	10%残油 の残留炭 素分（%）	セタン 価[*1]	セタン 指数[*1]	動粘度 （30℃） cSt	いおう分 （%）
1号	中性	50以上	350以下	－5以下	0.15以下	50以上	50以上	2.7以上	1.20以下
2号	中性	50以上	350以下	－10以下	0.15以下	45以上	45以上	2.5以上	1.20以下
3号	中性	50以上	350以下	－20以下	0.15以下	40以上	40以上	2.0以上	1.10以下
4号	中性	50以上	350以下	－30以下	0.12以下	42以上	42以上	1.8以上	1.00以下

*1　セタン価は、当事者間の協定によりセタン指数で代替することができる。
注　セタン価とは、ディーゼル燃料の発火性を表示する数値で、発火性のよいセタン（セタンに水添してつくる、ディーゼル燃料のセタン価標準燃料）の発火性を100とし、発火性の悪いα-メチルナフタリンの発火性を0とし、これを適当に混合して試料燃料と同じ発火性をもつ液体をつくり、この液体中のセタン容量百分率で、その燃料の発火性を示す。

重油の製品規格（JIS K2205）

種類		性状 反応	引火点 （℃）	動粘度 （50℃） cSt	流動点 （℃）	残留炭 素重 量（%）	水分 体積 （%）	灰分 重量 （%）	いおう 分重量 （%）	（参考） おもな 用途
1種	1号	中性	60以上	20以下	5以下[*1]	4以下	0.3以下	0.05以下	0.5以下	窯業、金属製錬用
	2号	中性	60以上	20以下	5以下[*1]	4以下	0.3以下	0.05以下	2.0以下	小型内燃機関用
2　種		中性	60以上	50以下	10以下[*1]	8以下	0.4以下	0.05以下	3.0以下	内燃機関用
3種	1号	中性	70以上	50～150	——[*2]	——	0.5以下	0.1以下	1.5以下	製鋼用
	2号	中性	70以上	50～150	——	——	0.5以下	0.1以下	3.5以下	大型ボイラー用 大型内燃機関用
	3号	中性	70以上	150～400	——[*2]	——	0.6以下	0.1以下	1.5以下	製鋼用
	4号	中性	70以上	400以下	——	——	2.0以下	——	——	一般用

*1　1種、2種の寒候用のものの流動点は、0℃以下とする。
*2　3種の1号と3号については、流動点が15℃をこえる場合には、容器その他に流動点を明示しなければならない。

出させたのちの直留重油、ガソリンのアンチノック性を高める高オクタン価ガソリン製造のために分解装置の残油である分解重油がある。

重油は、かっ色または黒かっ色の油で、元素組成は普通、炭素85～87、水素10～12、イオウ1～4、酸素1～2、窒素0.3～1.0％、比重0.86～1.00、高発熱量10,000～11,000kcal/kg、灰分0.01～0.05％、水分こん跡～0.3％である。

一般に常圧蒸留残油、減圧蒸留残油、分解残油などの重質基材油と灯油、軽油、減圧軽油、分解軽油などの軽質油を調合し、それぞれの品種の規格に適合するように粘度その他の性状を調整して製造される。

JISでは、前頁の表のように重油の品質を粘度を柱として3種に大別し、さらにイオウ分を中心として7品目に区別している。粘度による区分は、一般にA・B・C重油の名称でよばれている。

これらの分類は主として重油の商取引に関連するもので、使用にあたってA重油は予熱を要しないものに関して、B、C重油とくに後者は普通予熱が必要である。

イオウ分の少ない低イオウ重油（LS重油）の需要は、公害対策の立場からも要求が高いが、現状では低イオウ化の対策は重油を脱硫する以外に方法はない。

重油の脱硫方法は種々あるが、実用的に行える方法は水素化脱硫法である。これには直接脱硫法と間接脱硫法とがある。

4. 重油の品質

(1) 重油の品質と実用性を理解しておこう。重油はホント多用されているからね

重油の品質と実用性

① 反応

　重油が中性か、酸性か、アルカリ性であるかを調べるのが反応試験で、この試験方法は JIS K2252 で定められている。重油中に無機酸、アルカリ性が存在すると、貯油槽、油配管、加熱器、バーナなどの金属部を腐食させ、また水とエマルジョン（懸濁物）を生成し、重油の貯蔵や取扱い上弊害を生ずることになる。そのため重油は中性であることが必要である。

② 引火点

　引火点は主として火気に対する危険性といった取扱いの際の尺度として意義があり、消防法では引火点により第1、2、3石油類としての危険性、安全性の格付けを行っている。

　引火点以下の温度では火気に対して危険もなく貯蔵や取扱いができ、したがって重油の保安上、その引火点は高いことが望ましい。

　予熱を考慮に入れ重油の引火点は JIS では、A、B重油は60℃以上、C重油では70℃以上と規定されている。普通、重油を予熱する場合には、安全性を考慮して引火点よりも4～5℃程度低い温度に加熱する。

　重油に軽質油を加えた混合物の引火点は、それぞれの混合比から算術平均して求めた値よりもはるかに低いことに注意

すべきである。引火点試験方法は JIS K2265 で規定されている。

③ 比重

比重は重油の燃焼特性に関連した性質と密接な関係があり、また重量および容量と相関的な関係にあって、油種の判定のほか品質の概念を得るためにしばしば利用される。

また商取引上の容積の換算などの重要な性質の1つである。

なおこの値を用いて比熱、熱含量、熱伝導率、蒸発潜熱などの熱的性質の推定も行われる。比重が大きくなるとC/H比が大きくなり発熱量が減じてくる。この関係を利用して比重値から近似的い発熱量が求められる。

④ 粘度

粘度は学術上、動粘度と静粘度に分けられるが、JIS では重油の粘度は動粘度で示すように規定されている。

粘度は重油の送油やバーナで燃焼する場合の噴霧状態に大きな影響を与えるなど、重油の使用にあたり重要な性状で、粘度の値によって1種（A重油）、2種（B重油）、3種（C重油）と分類される。

用途に応じてそれぞれに適したものを選ぶ必要があり、粘度の高い（大きい）ものほど流動性が低く、またバーナにおいて霧化しにくいから、粘度の高い重油に適度の流動性および霧化性を与えるには、粘度は温度によって変化することから、加熱して粘度を調整する。

⑤ 残留炭素分

残留炭素は重油がきわめて高温に加熱されたとき生成され

るコークス状の残さである。この残留炭素分は重油が高温に加熱されると沈澱重合し、硬い沈殿物いわゆるスラッジとなり、ストレーナやバーナの目詰りや摩耗の原因となる。

そして断続燃焼状態でボイラを運転する場合とが小形の燃焼装置の場合には、バーナタイルあるいは燃焼室にカーボンの堆積を起しやすく、このカーボンのために重油の噴霧が悪化し燃焼状態が悪くなる。

残留炭素分はこのように炭化物の生成、あるいはガス化におけるコークス化の傾向に1つの目安を与える。

⑥ イオウ分

重油に含有するイオウ分は原油の種類による影響がきわめて大きく、また原油処理方法によっても影響される。

重油中のイオウ化合物は燃焼により酸化し亜硫酸ガス（SO_2）となるが、このSO_2は窒息性、腐食性のある有毒かつ有害ガスであって、いわゆるSO_2公害として動植物にきわめて悪影響を及ぼす大気汚染公害の大きな一因をなす物質である。

またSO_2の一部はさらに酸化されて無水硫酸（SO_3）となる。

このSO_3の露点は150℃以下であるが、空気予熱器（エアプレヒータ）とか節炭器（エコノマイザ）などの低温伝熱面では露点以下になりやすく、この低温部で燃焼ガス中の水蒸気（H_2O）と結合、凝縮して硫酸（H_2SO_4）を生成し、低温伝熱面に付着しこの部分を腐食させる。

この現象を低温腐食（サルファアタック）という。これを防ぐには、低温部の金属表面の温度を露点以上の温度にして

燃焼排ガスを煙突より排出したり、過剰空気を少なくしたり、また重油にアンモニア（NH_3）などの露点降下剤（添加剤）を添加して、燃焼ガスいわゆる SO_3 の露点を低下させる方法が講じられている。

⑦ **灰分**

重油の灰分含有は著しく少ないので伝熱面などへの付着量も少なくごく薄くしか付着しないが、全体に薄く膜状に付着し、かつその溶融点も600〜850℃と低い。重油の灰分にはこのような特質があるので油灰（デポジット）とも称される。

油灰はボイラの伝熱面などに薄く膜状に付着するが、油灰の成分中バナジウムの溶融点は670℃と低く、これにナトリウムが加わると535℃とその溶融点がさらに低下するので、高温伝熱面で溶融して燃焼ガス熱のボイラなどへの伝熱を妨げ、また炉壁に付着したものも溶融して化合し、炉壁表面を侵すといった弊害を招く傾向がある。

⑧ **水分**

原油中には油田から採取した当初よりある程度水分や泥分が混入しており、これが重油中にそのまま残ったものを水泥分といい、蒸留によって分離されたものが水分である。重油に含有する水分は一般に微細粒のコロイド状で懸濁あるいは乳濁（エマルジョン）として存在する。

⑨ **安定性**

重油は、貯蔵の安定性、熱安定性、混合安定性などがあるが、これらは相関的な関係をもっている。

重油は油分に不溶性のアスファルテンを含み、油分に分散

して平衡状態を保ちゾルを形成しているが、この状態が破れるとスラッジを析出する。

このスラッジの生成しやすいものほど安定性は悪いということになる。スラッジは水分、きょう雑物（砂、土、ほこり、鉄さび）の混入、酸化、熱的変化、異種の重油の混合などによって発生する。

重油燃焼を行う場合、その燃焼上、取扱い上、貯蔵上の点でこの安定性は問題になる。

安定性の悪い、スラッジの生成しやすい重油は貯蔵槽に沈積したスラッジが配管系統、ストレーナ、加熱器、バーナなどに付着して、これらを閉塞したり流動を妨げたりして、重油の燃焼状態を悪化させたり、円滑な送給油を妨げるなどの原因となる。

⑩ 発熱量

重油の発熱量は固体燃料、気体燃料にくらべると、その値は比較的変動が少なく、高発熱量としては 10,000〜11,000 kcal/kg の範囲にある。

一般に比重の大きい重油ほど発熱量は低くなり、水素の含有量の高い重油ほど発熱量は高い。

容積当りの発熱量（kcal/l）は発熱量（kcal/kg）に比重を乗じて求める。この場合は、比重が大きくなるほど発熱量も大きくなる。

⑪ 流動点

流動点は重油の低温度における流動性を保つことのできる最低温度を示すもので、取扱いの難易性を判定する項目であ

る。流動点の高低はとくに冬季または寒冷で問題となり、重油の流動点はできるだけ低いほうが取扱いが容易である。

　流動点の試験方法は JIS K2269 で規定されている。一定量の重油を流動点測定の試験管に入れ、氷と塩のような寒剤で間接的に冷却し、油温が2.5℃低下するごとに試験管を横にして5秒間保ち、油の流動を認めなくなる最初の温度がその油の凝固点である。それより2.5℃高い温度を流動点という。

5. 重油の添加剤

(1) 重油の添加剤は必要ともいえるかな

　利用家側にとって理想的な条件に合致した重油というものは皆無であり、Ａ重油でさえもこの条件にほど遠く、価格の面からも量的にはＢ重油やＣ重油が主に用いられているのが現実である。したがって取扱い上、手数もかかりボイラーや付属機器などに障害や悪影響をおよぼす。

　そこでこれらの欠点を少しでも緩和、つまり重油の燃焼および貯蔵中に起こる種々の障害を軽減するために適当な薬剤を添加するわけで、これが"重油添加剤"である。

　現在、市販されている重油添加剤は約80種類あるといわれるが、ほとんどその成分は秘密になっている。

　しかし使用目的や作用機構などから考えられる化学的有効物質はおのずと決まっているわけで、主な用途の添加剤の種類とその効用について簡単に次頁の表にまとめる。重油添加剤の使用に当っては添加剤メーカーや専門家とよく相談して、当該重油の性状に適したものを正しい方法で使用しなければ

重油添加剤の種類と機能および成分

添加剤の種類	添加剤の機能	化学成分類別
水分分離剤	水分が混入し、エマルジョンを形成している重油に添加し、エマルジョンを破壊して水分を分離して沈降させる	界面活性剤
スラッジ分散剤	重油中に生成してくるスラッジを溶解または界面活性作用によって分散させ、噴霧を良好にして完全燃焼を促進する	石油スルホン酸塩、ナフテン酸塩、多価アルコール、高級脂肪酸エスアルアミン化合物
燃焼促進剤	触媒作用により重油を完全燃焼させ、燃焼室内の未燃炭素分の発生を防止し、ばい煙の発生を抑制する	バリウム、マグネシウム、マンガンおよびカルシウムなどの油溶性有機化合物
高温腐食防止剤	重油に含有されているバナジウムと付加化合物を作って灰の融点を上昇させ、高温伝熱面の水管などの付着を防ぎ、バナジウム腐食を抑制する	マグネシウム、ケイ素、亜鉛、カルシウム、アルミニウム、リンなどの有機または無機化合物
低温部腐食防止剤	燃焼排ガス中の無水硫酸と反応して、非腐食性物質に変え、低温部の腐食作用を防止する	マグネシウムおよび亜鉛の化合物、アンモニア、アンモニアは600℃で分解するので直接重油に添加できない。600℃以下の排ガス中に吹き込むこと
流動点降下剤	流動点を下げ、低温時における流動性をよくする	ステアリン液アルミニウム

「価格の割には効果が薄い」という結果になりかねないので、この点よく留意する必要がある。

重油の添加剤は機能別に水分分離剤、スラッジ分散剤、燃焼促進剤などいくつかの種類に分けられるが、実際に市販されている添加剤には、それらの機能を2つ以上兼ね備えているものもある。これらの添加剤の効果の評価方法については確立されていない。添加剤の成分と機能を簡単にまとめると前頁の表のようになる。

① 水分分離剤

重油は輸送中、あるいは貯蔵中に水分が混入してエマルジョンを形成することがあるので、そのため、配管を閉鎖したり、ストレーナの網目を詰らせたりしてトラブルの原因となる。このエマルジョンを破壊して水分を分離沈降させるため、水分分離剤が使用される。

② スラッジ分散剤

水分分離剤としては各種の界面活性剤が使われている。分散残油やアスファルテンの多い残油を原料として作った重油は、アスファルティックスラッジを析出しやすい。

これを防止するためスラッジ分散剤をあらかじめ重油中に添加することがある。スラッジ分散剤の有効成分は、各種界面活性剤である。

③ 燃焼促進剤

燃焼触媒としての機能を有する金属、すなわち、重油成分中のバリウム、マグネシウム、マンガンおよびカルシウムの油溶性有機化合物が燃焼促進剤として使用されている。

これは重油を完全に燃焼させ、燃焼室内の未燃炭素分の発生を防止し、ばい煙の発生を抑制する効果があるといわれている。

④ 高温腐食防止剤

灰分中にバナジウムやナトリウムの多い重油は、灰分の融点が低く、高温伝熱面の水管や炉面の腐食を起しやすい。

重油のバナジウム化合物を除去することは非常に困難であるので、灰分の融点を上げ、高温腐食を抑えるという対策が立てられている。

この目的のためバナジウムの化合物を作ってその融点を上げる金属、マグネシウム、カルシウム、亜鉛などの化合物が高温腐食防止剤として使われている。

⑤ 低温部腐食防止剤

空気予熱器（エアプレヒータ）とか節炭器（エコノマイザ）などの低温部伝熱面に起る低温腐食の問題は重要である。低温部腐食を防止するため、排ガス中の SO_2 と反応して不活性な塩を形成するマグネシウムおよび亜鉛の化合物が添加剤として有効であるといわれている。

⑥ 流動点降下剤

重油の流動点を降下させることはきわめてむずかしいようで、降下剤の成分としてステアリン酸アルミニウムが使用された時代があるが、十分な効果が認められなかったようで、現在では使用されていないようである。

6. 液体燃料の管理

(1) 液体燃料の管理は重要事項だ！
液体燃料の管理

① 燃料の選択および受入れ

　重油の選択にあたっては、価格、輸送、貯蔵、燃焼装置および方式、予熱装置の有無、燃料の燃焼性、安定性および製品の品質に及ぼす影響、消費地の気温、安全性、公害上の問題などを考慮し、比重はある程度の範囲で小さいこと、引火点はあまり低くなく保安上火気に対する安全性の高いものが要望される。

　流動点は低温度における移送性の難易を判定するうえで、できるだけ低いものが望まれる。粘度は移送性の観点から、低温である程度低いことが望ましい。

　残留炭素分は装置に障害を与える原因の1つなのでなるべくこの含有量が少ないほうがよいが、火炎の放射能力を高めるのに役立つ成分である。

　灰分はとくに灰分中のバナジウムやナトリウムの多いものは灰分の融点が低く、腐食を起しやすいから極力少ないこと。

　イオウ分は腐食性のあるもので有害ガスを発生するから極力少ないことが望まれる。水分は着火を悪くしたり、火炎を不安定にするから水分ときょう雑物は極力少なくする。

　以上一般的な選択基準をあげたが、用途に応じて検討すべきである。

　受入れは、重油は一般に kl 単位で計算される。この場合、

比重と温度を測定しておき、粘度、流動点、水分および外観を調べる。

② 貯蔵

少量の場合はドラムかんに入れたまま貯蔵するが、一般にはタンクに貯蔵する。貯蔵タンクは、屋外タンク、室内タンクおよび地下タンクに大別される。

タンクの容量は、消費地の重油の受入れの難易によって変ってくるが、普通は15日分程度を貯蔵できればよい。

石油類の貯蔵は、消防法により危険物として取り締られ、数量、設備などが規制を受ける。

重油は第四類、第三石油類に属し、2 kl 以上の貯蔵には同

	取扱い作業	立会い監督者	保安監督者	定期点検実施者
甲種危険物取扱者	すべての類の危険物	すべての類の危険物	○	○
乙種危険物取扱者	指定された類の危険物	指定された類の危険物	○	○
丙種危険物取扱者	特定の危険物	×	×	○

法が適用される。それ未満の数量でも地方条令で同法と同様の規制がある。

　消防法は、貯油タンクを屋外、屋内、地下に分け、それぞれの設置および構造について基準を示している。詳細は消防法第3条第3項の危険物貯蔵または取扱いの技術上の基準を参照のこと。

第3章 気体燃料

1. 気体燃料のあらまし

(1) 気体燃料もいろいろあるようだね

　気体燃料（ガス燃料）というのは「主として可燃性ガスからなる気体で、かつ常温において気体である燃料」と定義されている。

　気体燃料の主成分となる可燃性ガスとしては、一酸化炭素、水素、メタン、エタン、エチレン、プロパン、プロピレン、ブタン、ブチレンなどがあり、これらの可燃性ガスの他に不燃成分として炭酸ガス、窒素、酸素、水蒸気などを含んでいる。気体燃料の主成分であるこれらの可燃性ガスの主な性状を示すと次頁の表のごとくである。

　気体燃料はその含有する成分の量や割合などによって性質も多様であり大きく分けると、一酸化炭素、水素、メタンなどを主成分とする石炭ガス系と、プロパン、プロピレン、ブタン、ブチレンなどの飽和炭化水素および不飽和炭化水素を主体とする石油ガス系と、自然に存在するメタンが主成分となる天然ガス系とになる。

　燃料の燃焼による大気汚染公害防止上の観点からすれば、気体燃料はその性状からして最も優れたクリーンエネルギーなのである。

(2) 気体燃料の特徴を理解しておこう

　気体燃料の固体燃料および液体燃料に比べての特徴を挙げると、

気体燃料主成分の主な性状

性状 成分(ガス)	比　重 (空気＝1)	高発熱量 (kcal/Nm³)	着火温度 (℃)	燃焼範囲 (爆発範囲) （1気圧） (容量%)	燃焼速度 (cm/sec)	最高火炎温度 (理論温度) (℃)
一酸化炭素 (CO)	0.9663	3,036	580～650	12.5～75	43.0	2,182
水　　素 (H_2)	0.0696	3,055	580～600	4.1～75	292.0	2,182
メ タ ン (CH_4)	0.5533	9,498	650～750	5.0～15	37.4	2,005
エ タ ン (C_2H_6)	1.0371	16,516	520～540	3.0～14	43.7	2,043
エ チ レ ン (C_2H_4)	0.9675	14,892	525～540	3.0～33.3	75.3	2,155
プ ロ パ ン (C_3H_8)	1.5210	23,560	505～510	2.1～9.5	43.0	2,120
プロピレン (C_3H_6)	1.4512	21,956	455～559	2.2～9.7	48.2	2,110
ブ タ ン (C_4H_{10})	2.0047	30,620	430～490	1.5～8.5	41.7	2,130
ブ チ レ ン (C_4H_8)	1.9350	29,020	445	1.7～9.0	41.3	2,099

長所としては

① わずかの過剰空気で安定して完全燃焼し燃焼効率が高い。

② 燃焼の操作調節が容易で、自動調節や点火および消火が簡単である。

③ 無公害燃料である。すなわち灰分、いおう分、窒素分がほとんど皆無またはわずかしか含有していないので、ばいじんやいおう酸化物（SO_X）の発生はほとんどなく、

また窒素酸化物（NO$_x$）の発生量はNO$_x$無対策燃焼法いわゆる一般燃焼法による場合は、灯油やA重油に比してはその発生量がやや多いもののB重油やC重油よりは少なくなる。

しかしNO$_x$抑制燃焼法は液体燃料の場合より気体燃料の方が簡単に適用しやすく、かつNO$_x$抑制効果は顕著であり公害対策上極めて有利である（表参照）。

燃料中の有機窒素化合物（有機N分）

燃　　料	有機N分含有率（％）	（重量比）
石　　炭	1.5〜2.0	──
C 重 油	0.2〜0.37	平均 0.2
B 重 油	0.08〜0.34	平均 0.14
A 重 油	0.005〜0.08	平均 0.02
灯　　油	0.001〜0.03	平均 0.005
都市ガス	0	

NO$_x$排出濃度に関係する因子は数多くあるが、NO$_x$の生成量に大きな影響を与える因子の1つに燃料中の有機窒素化合物があり、その含有率は燃料により異なるが一般的には上表のようである。

同じ燃料を使用しても燃焼方法によりNO$_x$発生量は激しく変動するので、燃料別に一定したNO$_x$評価を与えることはできない。しかし発生するNO$_x$量はほぼ次のような相場が知られている。

気体燃料　　100〜250 ppm
液体燃料（BおよびC重油）　170〜350 ppm
　　　　（A重油、灯油）　　80〜180 ppm
固体燃料（石炭）　　　　　500〜1,000 ppm

④ 灰分がなく、またばいじんがほとんど発生しないので伝熱面を汚損する割合が極めて少なく清潔であり、すす吹きを行う必要もほとんど皆無で、また燃焼機器の詰りや汚れなども極めて少ない。

⑤ 燃焼排ガスの持ち去る熱を回収することが容易である。

欠点としては、

① 単位容積当りの保有発熱量が重油の約 1/1,000 と極めて小さいので、貯蔵や輸送に大規模な施設を必要とするなど設備費がかさむ。

② 燃料費が高い。つまり単位発熱量当りの価格（カロリ単価）が割高となる。

③ バーナの点火や消火時、燃焼調節時などの操作ミス、あるいは保全不良により漏洩を生じた場合などにはガス爆発の危険性が極めて大きい。

④ 一酸化炭素など衛生上有害となる成分の割合が大きいので、その取扱いにはとくに注意を要する。

などが挙げられる。

なお現在、ボイラーも含めて工業用として主に用いられている気体燃料は、天然ガス、高炉ガス、石炭ガス、油ガス、液化石油ガスなどである。

2. 気体燃料の種類

(1) 気体燃料は具体的には次のようなものがあるよ

① 石炭ガス

　石炭を1,000～1,200℃の温度で乾留するとき得られるガスを総称して石炭ガスという。石炭ガスは製造方法により、レトルト（乾留に用いる加熱容器）により製造されるレトルトガスと、コークス炉により製造するコークス炉ガスに分けられる。

　石炭ガスの成分は、水素（H_2）、メタン（CH_4）、一酸化炭素（CO）、炭化水素（C_mH_n）、の4成分が燃料としての主成分である。発熱量は 5,000～5,300 kcal/Nm^3 で、燃焼性がすぐれている。

② 発生炉ガス

　石炭、コークス、木材などの燃料床に空気または空気と水蒸気の混合気を吹き込み、不完全燃焼させて得られる可燃ガスである。

　主成分は一酸化炭素（CO）および発生炉の操作上少量の水蒸気を添加しているために水の分解が起って水素（H_2）の可燃ガスのほかに炭酸ガス（CO_2）や窒素（N_2）の不燃性ガスが多くなり発熱量は 1,200～1,300 kcal/Nm^3 くらいで低い。

③ 水性ガス

　水性ガスは高温のコークスまたは石炭に水蒸気を吹き込んで得られるガスで、その成分は水素（H_2）、一酸化炭素（CO）がほぼ等量（30～50％）のガスで、一般にブルー水性ガスと

もよばれる。発熱量は 2,600 kcal/Nm^3 であるが、燃料ガスとして使用するには、発熱量を増加させるため水性ガスに油ガスを混入して増熱する場合がある。これを増熱水性ガスという。発熱量は 4,000〜5,000 kcal/Nm^3 程度である。また水性ガスに石炭ガスを混合したものを混成ガスという。

④ 高炉ガス

製鉄所の溶鉱炉からの副産物として得られるガスで、可燃成分としては一酸化炭素（CO）25〜30％、水素（H$_2$）は 2％程度と可燃成分が少なく、炭酸ガス（CO$_2$）11％程度、窒素（N$_2$）60％程度と不燃成分が多いので、発熱量は 900 kcal/Nm^3 程度である。したがって高炉ガスは製鉄事業に付帯する熱源および動力源として使用されている。

⑤ 油ガス（オイルガス）

石油類を熱分解法、接触分解法、部分燃焼法などによって分解して得られるガスの総称で、石炭ガスに代って都市ガスの構成上で高い比重を占めるようになった。都市ガスとして用いるには、それぞれの発熱量に応じてガスを配合し、性状を調整して供給されるので都市ガスのピークロード用として重要とされる。

油ガスの製造法によりその性状や発熱量なども著しく異なる。原料油は重油で、ガス化剤は水蒸気、空気で発熱量は接触分解法で 4,500 kcal/Nm^3 程度、熱分解法で 10,000 kcal/Nm^3 と異なる。

⑥ 天然ガス

3. 天然ガスは多用されている！

(1) 天然ガスとは？
天然ガスの分類、組成

　天然ガスとは「天然に地中から産出する可燃性のガスであって、かつ炭化水素類を主成分とするガス」をさしており、天然ガスの組成は産地などによって多少異なるが、その主成分はメタン系炭化水素である。

　天然ガスは地質学的には石炭ガス、石油系ガス、水溶性ガスに分けられる。組成上からは可燃成分のほとんどをメタンで占め、液化蒸気含有量が 40 ppm、つまり 40 ml/m^3 未満の"乾性ガス"と、可燃成分としてメタンの他にエタン、プロパン、ブタン、ヘキサンなどの高級炭化水素を相当量含み、液化蒸気含有量が 40 ppm 以上の"湿性ガス"とに分けられる。

　"石炭系ガス"はガス田や炭田地帯の比較的浅いところから産出するガスで、炭田ガスや炭鉱ガスがある。こられはほとんどメタンのみを主成分として乾性ガスに属する。

　"石油系ガス"は油田地帯に産出するガスでメタンを主成分とするが、このメタンの他にエタン、プロパン、ブタンなどの高級炭化水素をかなりの割合で含んでいる。石油系ガスはさらに地下構造に保有される構造性ガスと石油随伴ガスに分けられ、構造性ガスは高級炭化水素の含有量が少なく乾性ガスに属する場合が圧倒的に多いが、石油随伴ガスは高級炭化水素を相当多量に含み湿性ガスに属する。

"水溶性ガス"は泥炭地や沼沢地などの比較的浅い地下水に溶解しているガスで、可燃成分はほぼ純粋のメタンのみで占められ乾性ガスに属する。

国産の天然ガスのほとんどは乾性ガスであり、新潟県を中心とした東北、日本海側と、千葉県を中心とする南関東地域が主要産地である。現在ではその産出量も少なく、その産出地域においてガス化学工業の原料やボイラーなどの燃料として消費されている。参考までに国産天然ガスの数例を示すと表のようである。

国産天然ガスの組成

種類		産地	組成（％）(v/v)						高発熱量 (kcal/Nm³)
			炭素ガス (CO_2)	メタン (CH_4)	エタン (C_2H_6)	プロパン (C_3H_8)	重炭化水素 (C_mH_n)	窒素 (N_2)	
乾性ガス	石炭系ガス	常盤	1.0	95.0	—	—	1.6	4.0	9,000
	水溶性ガス	新潟	3.4	94.6	—	—	—	1.9	9,000
湿性ガス	石炭系ガス	八幡	0.7	75.4	13.6	7.5	2.8	—	12,200

天然ガスの特性

天然ガスはつぎに示すように、他の気体燃料よりもさらに優れた特性があるので広く利用されるようになってきたのであるが、天然ガスといえども可燃性ガスには違いないのでその取扱いには十分注意することが必要である。

① **高カロリである**

発熱量は 9,000〜11,000 kcal/Nm³ と他の気体燃料より高カロリであり、例えば都市ガス 6 C 4,500 kcal/Nm³、石炭ガス

5,000〜7,000 kcal/Nm³、発生炉ガス 1,200〜1,300 kcal/Nm³ である。

② いおう分を含まない

国産の天然ガスはほとんどいおう分を含まず、輸入される液化天然ガスも原産地で液化する前に脱硫される。したがっていおう酸化物（SO_X）による大気汚染は発生しない。

③ 設備が簡便である

都市ガスの場合のように需要者にパイプで供給され、例えば液化石油ガス（LPG）のように貯蔵設備の必要がなく、バルブの開閉だけで随時使用でき、取扱いは簡便で入手がいらず省力化が可能である。

④ メタンが主成分である

成分のほとんどが無色、無臭のメタンであるので、その比重は空気の約 1/2 と極めて軽いので漏洩した場合には大気中で上方拡散しやすい。例えば LPG の場合のように漏洩してこれが床面や凹面に溜っていてこれが引火爆発するという危険性は少ない（なお LPG の比重は空気の1.5〜2倍と空気より重いガスである）。ただし LPG などに比して漏洩ガスによるガス爆発の危険性が少ないということであって、メタンといえどもこれが漏れて空気と混じり合ってその燃焼範囲になっている状態に着火源があれば、他のガスの場合と同様に火災やガス爆発を生じるのでこの点は誤解のないようにされたい。

⑤ 一酸化炭素をまったく含まない

したがって室内でガスが漏れた場合でも生ガス中毒いわゆ

る一酸化炭素中毒にかからずいわば無毒性といえる。しかしメタンを大量に吸うことによって呼吸困難などの酸素欠乏性がおこるので、無毒性とはいってもこの点をよく留意しなければならない。

　またガス自体には一酸化炭素をまったく含まないといっても、ガスが不完全燃焼した場合には一酸化炭素を発生することになるのでこの点もよく留意されたい。

(2)　液化天然ガス（LNG）って？

　液化天然ガスは天然ガスを－160℃に冷却して液状にしたもので無色透明の液体である。天然ガスは液化することによってその容積が気体のときの1/600と小さくなってしまう。液化天然ガスは一般にLNGと称されているが、これは英語でLiquefied Natural Gasというのを略称しているわけである。

　天然ガスの成分はメタンが約90％で、このほかエタン、ブタン、プロパンなどが含まれ、世界中で古くから多く使われ開発もされ、その埋蔵量も昭和52年現在で72兆立方メートルに及ぶことが確認されている。しかしこの豊富な天然資産も従来は驚くべきことになかなか利用が進まなかった。というのは天然ガスの主成分であるメタンの特性からこれを液化する技術がむずかしく、気体のままでの大量輸送の手段がパイプラインのみに限られ、世界各地に散在する産地から消費国への輸送が不可能だったためである。

　メタンの液化がなぜむずかしいのかというと、その臨界温

天然ガス成分の物理的性質

	メタン	エタン	プロパン	イソブタン	正ブタン
分 子 式	CH_4	C_2H_6	C_3H_8	C_4H_{10}	C_4H_{10}
分 子 量	16.04	30.07	44.09	58.12	58.12
分 子 容 (l/mol)	22.36	22.16	21.82	21.77	21.49
融 点 (℃、1atm)	−182.6	−172.0	−187.1	−145.0	−135.0
沸 点 (℃、1atm)	−161.4	−88.6	−42.2	−10.0	0.6
液 体 比 重 (沸点、4℃)	0.425	0.550	0.580	常温	0.605
ガ ス 比 重 (空気=1)	0.555	1.049	1.522	2.007	2.010
臨 界 温 度 (℃)	−82.4	32.3	95.8	135.0	152.0
臨 界 圧 力 (atm)	47.4	50.45	44.5	38.3	37.2
蒸 発 潜 熱 (kcal/kg)	121.9	116.9	101.8	87.56	92.09
融 解 潜 熱 (kcal/kg)	14.0	22.2	19.1	—	18.0
空気混合爆発限界 上限(%)	5.3	3.12	2.37	1.6	1.86
空気混合爆発限界 下限(%)	13.9	15.0	9.50	8.5	8.41
高 発 熱 量 (kcal/Nm³)	9,520	16,820	24,320	31,530	32,010
高 発 熱 量 (kcal/kg)	13,270	12,400	12,030	11,810	11,840
低 発 熱 量 (kcal/Nm³)	8,550	15,370	22,350	29,050	29,150
低 発 熱 量 (kcal/kg)	11,950	11,350	11,080	10,900	10,930
ガ ス 比 熱 (Cp kcal/kg)	0.2928	0.2279	0.2158	0.2151	0.2205
ガ ス 比 熱 (CV kcal/kg)	0.223	0.191	0.191	0.196	0.202
Cp/CV	1.308	1.193	1.133	1.097	1.094
液 体 比 熱 (kcal/kg)	—	—	0.297 (6.1℃)	0.298 (−10℃)	0.304 (−17.8℃)
蒸 気 圧 (kg/cm²、37.7℃)	—	54.8	13.4	5.1	3.6
燃焼必要空気量 (m³/m³)	9.53	16.67	23.82	30.97	30.97

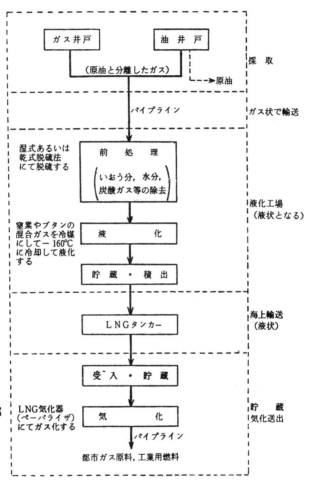

LNGの産出から消費までのプロセス

度が−82.4℃ときわめて低いからなのである。

　臨界温度というのは、この温度以上ではいかなる条件でも気体が液化できない温度であり、例えばブタン、プロパンの臨界温度は、95.81℃、152.01℃と常温よりはるかに高温なので、あるていど加圧して冷却すれば容易に液化し、この液体は圧力容器に封入するだけで常温で輸送や貯蔵が可能なのである。

　しかし天然ガスは−160℃という超低温にまで冷却しなければ完全に液化できず、しかもこの液体は耐圧容器に封入してもこの超低温を保っていなければ貯蔵も輸送も不可能なためである。

　超低温技術、低温材料、貯蔵法、タンカー輸送法などの技術が実用化されたのは昭和40年代の後半であり、この技術の実用化により大量輸送、大量貯蔵が可能となり、おりしも昭和48年のいわゆる世界的な"石油ショック"事件により一躍脚光をあび、クリーンエネルギーとして君臨したわけである。

　なお、現在の都市ガスはほとんどがLNGである。

4. 液化石油ガス（LPG）の物語

(1) 液化石油ガス（LPG）の概略

　液化石油ガスは一般にLPGと略称し通常プロパン、ブタンガスとして用いられていることが多い。しかしそれは、量的にはその主体がプロパン（C_3H_8）、ブタン（C_4H_{10}）ガスであるが、それだけでなく、プロピレン（C_3H_5）、ブチレン（C_4H_8）などの炭化水素の混合物で、常温では気体であるが、この気

体に少し加圧（常温では 6～7 kg/cm^2）し放熱すると容易に液化し、ガソリンに似た液体となる。LPG は常温、加圧下では液体であるが、圧力を除くと容易に再気化する。

LPG は製油所における石油精製工程で発生するガス中のプロパンやブタン成分を回収したもの、湿性天然ガスからプロパンやブタンを分離したもの、石油化学工場におけるナフサ分解工程などから発生するガスのうち石油化学用原料としての消費から余ったプロパン、ブタン留分を回収したものなどあるが、わが国の LPG の大部分は製油所ガスから製造したものである。

JIS においては下表のようにそのおもな主成分によって分類している。

液化石油ガスの規格概要（JIS K2240-'67）

種　　類	1　号	2　号	3　号	4　号	5　号	6　号
組成の概要	プロパンを主とするもの	プロパン、プロピレンを主とするもの	プロパン、プロピレンがブタン、ブチレンより多いもの	ブタン、ブチレン、プロパン、プロピレンより多いもの	ブタン、ブチレンを主とするもの	ブタンを主とするもの
95%蒸発温度（℃）	───	───	11以下*1	2以下*1	2以下	2以下
蒸　気　圧 (kg/cm^2, 37.8℃)	14以下	15以下	9～15	5～9	5以下	5以下
い　お　う　分（重量　％）	0.02以下	0.02以下	0.02以下	0.02以下	0.02以下	0.02以下
水　　　　分	いずれも認めないこと					

＊1　冬季用は、−2℃以下
製品の呼び方：液化石油ガスの呼び方は名称と種類による。例：液化石油ガス 3 号

LPGガスは耐圧容器に充てんする必要があり、高圧ガス取締法の適用を受けるので、高圧ガス取締法や液化石油ガス保安規則などに関する知識も得る必要がある。

(2) LPGの特徴の概略を知っておこう

LPGの長所としては、つぎの点があげられる。
① 常温常圧ではガス体で、加圧すると液化して液体となる。消費するときは圧力を減圧弁で調節して圧力を下げるだけでよく、ガス化が容易である。
② LPGは液化することによりその体積を約1/250に縮小できるので、小容器で大容量を貯蔵および輸送でき便利である。また使用にあたって配管などの立地的な制約がない。
③ 発熱量は固体燃料や液体燃料と比較して高カロリーである。また組成は安定しており、とくに大気汚染源となるイオウ分の含有量がきわめて少なく、有毒成分を含んでいない。

一方、短所としては、
① 完全燃焼に多量の空気を容し(理論空気量はガス容積の約25〜30倍、都市ガスの5〜6倍)、燃焼速度は遅く(石炭ガスの約1/2)、燃焼領域が狭いために特殊の燃焼器具を使用しなければならない。
② 気体の比重(空気=1)は約1.5〜2と、LPGの気体の重さは空気の1.5〜2倍もあるので、漏洩した場合に大気中には上方拡散されることなく低所に停留しやすい。

LPG の物理的性状

項　目	純プロパン	正ブタン	イソブタン
比　重　量（15℃）（kg/m³）	1.862	2.453	2.453
比　容　積（15℃）（m³/kg）	0.537	0.4076	0.4076
空気に対する比重	1.552	2.006	2.006
ガスと液体の容積比	272.7	237.8	229.3
1 m³のガスの燃焼に要する空気量（Nm³）	23.87	31.03	31.03
発　熱　量（kcal/kg）	12.053	11.855	11.841
発　熱　量（kcal/Nm³）	22.450	29.083	29.045
着火限界（空気に対するガスの割合）（%）	2.0〜9.5	1.5〜8.5	1.8〜8.4

　漏洩した場合には引火爆発事故を発生しやすいので、通風換気など保安対策には十分注意しなければならない。

5. 都市ガスは便利で有難い

(1) ガス会社が供給してくれる都市ガスのあらまし

　都市ガスとはガス事業者が一般の需要に応じるために、ガスの発熱量、燃焼性、成分、比重、圧力などを調整して導管によって供給する燃料ガスをいい、14種類あるが、現在ではLNG を原料とした13Aが主に供給されている。

　導管とは、都市ガスの製造工場または供給所より、ガスを需要家へ供給するための有圧管路をいうが、都市ガスの需要家への供給方式は次のように大別される。

都市ガスの種類（14のガスグループ）

種類	燃焼速度の種類	ウォッベ指数(W・I) 最小	ウォッベ指数(W・I) 最大	燃焼速度に関する指数 (C・P)の幅	発熱量(kcal/Nm³) 低発熱量	発熱量(kcal/Nm³) 高発熱量	標準比重(空気=1.00)	標準ガス圧(mmAq)	備考
4 A	遅い(A)	3720	4280	21〜56	3240	3600	0.81	100	
4 B	中間(B)	3770	4330	38〜66	3240	3600	0.79	100	
4 C	速い(C)	3950	4550	47〜80	3240	3600	0.72	100	
5AN	遅い(A)	4320	4970	22〜59	3780	4200	0.82	100	天然ガス
5 A	遅い(A)	4700	5400	23〜60	4050	4500	0.79	100	
5 B	中間(B)	4650	5350	41〜73	4050	4500	0.81	100	
5 C	速い(C)	5110	5890	55〜96	4050	4500	0.67	100	
6 A	遅い(A)	5860	6740	25〜65	6475	7000	1.23	150	ブタンエアガス
6 B	中間(B)	5950	6850	49〜86	4500	5000	0.61	100	
6 C	速い(C)	5670	6530	60〜105	4050	4500	0.54	100	
7 C	速い(C)	6140	7060	63〜112	4050	4500	0.46	100	
11A	遅い(A)	11000	12000	35〜86	8100	9000	0.61	200	天然ガス
12A	遅い(A)	11750	12850	37〜89	9000	10000	0.66	200	天然ガス
13A	遅い(A)	12600	13800	39〜93	9900	11000	0.69	200	天然ガス

13Aガス、6Cガス、6Aガスの性質

種 別	13A	6C	6A
高発熱量（kcal/Nm³）	1100	4500	7000
ガス比重（air＝1）	0.65	0.53	1.22
理論空気量（Nm³/Nm³）	11.0	4.0	6.0
爆発範囲（Vol）(%)	5.0〜15.0	5.0〜3.80	8.5〜38.5
ガス組成（容量比）　H_2	—	46	—
CH_4	88	22	—
C_mH_n	—	5	—
CO	—	5	—
CO_2	—	10	—
O_2	—	2	16.4
N_2	—	10	61.5
C_2H_6	6	—	—
C_3H_8	4	—	1
C_4H_{10}	2	—	21.1
理論湿り排ガス量（m³/m³）	12.1	4.8	7.4
理論乾き排ガス量（m³/m³）	9.9	3.8	6.3
排ガス組成（容積比）　CO_2	9.9	10.4	11.9
N_2	71.9	68.8	73.0
H_2O	18.2	20.8	15.0
ウオッベ速度	1,360	6,180	
最高燃焼度（cm/s）	37	63.5	

　低圧供給方式はガス圧力を 1 kgf/cm²（0.1 MPa）未満で供給される方式で、一般家庭や小容量ビルに適用され、都市ガスの種類にもよるが一般には 100〜200 mAq（980〜1961 Pa）で供給される。

中圧供給方式は、ガス圧力を 1〜10 kgf/cm² の範囲で供給するもので、主としてビルなどで採用され、当該ビルごとにガス圧調整弁を設け、ガス燃焼機器に対応した圧力に減圧して消費する。

　高圧供給方式は、ガス圧力を 10 kgf/cm²（1 MPa）以上で供給する方式で主に大工場に適用される。

　ガス圧調整弁（ガスガバナ、ガバナ）とは、ガス供給圧力を所定の一定圧に制御（減圧）保持するバルブで、圧力に応じて高圧ガバナ、中圧ガバナ、低圧ガバナがあり、大容量のガス燃焼機器ごとに付属する器具ガバナ、建物内へのガス供給圧力を一定に保持させるための専用ガバナ、ガス会社の供給地域ごとに適当な供給圧力に調整するための基もとガバナがある。

著者略歴

中井　多喜雄（なかい　たきお）

1950年　京都市立四条商業学校卒業
　　　　垂井化学工業株式会社入社
1960年　株式会社三菱銀行入社
現　在　技術評論家（建築物環境衛生管理技術者・建築設備検査資格者・特級ボイラー技士・第1種冷凍機械保安責任者・甲種危険物取扱者・特殊無線技士）

＜おもな著書＞
福祉住環境テーマ別用語集／学芸出版社
福祉・住環境用語集／学芸出版社
イラストでわかる一級建築士用語集／学芸出版社
イラストでわかる二級建築士用語集／学芸出版社
イラストでわかる管工事用語集／学芸出版社
イラストでわかるビル管理用語集／学芸出版社
イラストでわかる建築施工管理用語集／学芸出版社
イラストでわかる空調設備のメンテナンス／学芸出版社
イラストでわかる給排水・衛生設備のメンテナンス／学芸出版社
イラストでわかる建築電気設備のメンテナンス／学芸出版社
イラストでわかるビル掃除・防鼠防虫の技術／学芸出版社
イラストでわかる建築電気・エレベータの技術／学芸出版社
イラストでわかる防災・消防設備の技術／学芸出版社
イラストでわかる給排水・衛生設備の技術／学芸出版社
イラストでわかる空調の技術／学芸出版社
廃棄物処理技術用語辞典／日刊工業新聞社
ガスだきボイラーの実務／日刊工業新聞社
図解ボイラー用語事典／日刊工業新聞社

図解配管用語事典／日刊工業新聞社
SI単位ポケットブック／日刊工業新聞社
ボイラーの燃料燃焼工学入門／燃焼社
ボイラーの水処理入門／燃焼社
スチームトラップで出来る省エネルギー／燃焼社
鋳鉄製ボイラーと真空式温水ヒータ／燃焼社
ボイラーの運転実務読本／オーム社
ボイラーの事故保全実務読本／オーム社
新エネルギーの基礎知識／産業図書
ボイラー技士のための自動制御読本／明現社
ボイラー技士のための自動ボイラー読本／明現社
ボイラー一問一答取扱い編／明現社
SI単位早わかり事典／明現社
最新エネルギー用語辞典／朝倉書店
自動制御用語辞典／朝倉書店
危険物用語辞典／朝倉書店
ボイラー自動制御用語辞典／技報堂出版
建築設備用語辞典／技報堂出版
よくわかる！　1級ボイラー技士試験／弘文社
よくわかる！　2級建築士試験／弘文社
2級土木施工管理技士検定試験／学献社
図説燃料・燃焼技術用語辞典／学献社

石田　芳子（いしだ　よしこ）

1981年　大阪市立工芸高校建築科卒業
現　在　石田（旧木村）アートオフィス主宰／二級建築士

＜おもな著書＞
　イラストでわかる一級建築士用語集／学芸出版社
　イラストでわかる二級建築士用語集／学芸出版社
　イラストでわかる管工事用語集／学芸出版社
　イラストでわかるビル管理用語集／学芸出版社
　イラストでわかる建築施工管理用語集／学芸出版社
　イラストでわかる空調設備のメンテナンス／学芸出版社
　イラストでわかる給排水・衛生設備のメンテナンス／学芸出版社
　イラストでわかる建築電気設備のメンテナンス／学芸出版社
　イラストでわかるビル清掃・防鼠防虫の技術／学芸出版社
　イラストでわかる建築電気・エレベータの技術／学芸出版社
　イラストでわかる防災・消防設備の技術／学芸出版社
　イラストでわかる給排水・衛生設備の技術／学芸出版社
　イラストでわかる空調の技術／学芸出版社
　マンガ建築構造力学入門Ⅰ、Ⅱ／集文社

知っているようで知らない燃料雑学ノート

平成30年5月25日　第1版第1刷発行

　Ⓒ著　　者　　中　井　多喜雄
　さし絵　　　　石　田　芳　子
　発行者　　　　藤　波　　　優
　発行所　　㈱燃　焼　社
　〒558-0046 大阪市住吉区上住吉2-2-29
　　　　ＴＥＬ　06（6616）7479
　　　　ＦＡＸ　06（6616）7480
　　　　振替口座　0094－4－67664
　印刷所　　　　㈱ユ　ニ　ッ　ト
　製本所　　　　㈱佐　伯　製　本　所

ISBN978-4-88978-127-4　Printed in Japan 2018
　　　　　　　　　　　落丁・乱丁本はお取替えいたします。